LE MOYEN POUR TOUS

DE SE CRÉER

UN REVENU ANNUEL DE 1,500 FR.

AVEC

TRENTE LAPINES,

PAR

A. BEAUDROUET,

Curé de Hottot-en-Auge (Calvados)

Un volume in-18. — Prix : 80 centimes

CAEN

IMPRIMERIE NIGAULT DE PRAILAUNÉ

1868

LE
MOYEN POUR TOUS

DE SE CRÉER

UN REVENU ANNUEL DE 1,500 FR.

AVEC

TRENTE LAPINES,

PAR

A. BEAUDROUET,

Curé de Hottot-en-Auge (Calvados)

Un volume in-18. — Prix : 80 centimes

CAEN

IMPRIMERIE NIGAULT DE PRAILAUNÉ

1868

INTRODUCTION

Avant le xixe siècle, les écrivains, qui ont parlé du lapin, se sont plu à vanter ses mœurs et son utilité; mais aucun d'eux n'a donné ces détails qui sont le fruit de l'expérience, et qui épargnent à l'éleveur tant d'essais inutiles. Les traités pratiques, qui ont été faits pour servir de guide dans l'éducation du lapin domestique, sont tous de fraîche date.

Ces méthodes, il est vrai, contiennent de précieuses notions; mais quelques-unes renferment en outre de nombreuses exagérations.

Ainsi, certain auteur fait espérer un bénéfice annuel de plus de 16,000 fr. sur 100 lapines. Selon lui, une lapine peut donner une nichée tous les mois: à peine la pauvre mère a-t-elle déposé sa progéniture dans un coin de sa case, qu'il faut de suite la porter au mâle sans lui laisser un jour de repos. Les lapereaux ne sont pas traités plus doucement; car, dès qu'ils sortent du nid, on doit les priver du lait bienfaisant de leur mère.

Un autre écrivain, dont l'ouvrage est plus récent, se montre un peu plus modéré. Qu'une mère donne deux nichées par trimestre, que 100 lapines produisent 10,000 francs par an, et il se déclare satisfait.

Nous n'admettons pas, à beaucoup près, toutes les opinions de ceux qui ont écrit sur cette matière. Cependant nous demeurons bien convaincu que s'il n'est pas d'industrie plus humble en apparence, il n'en est point non plus qui soit plus lucrative, plus propre à améliorer la condition de beaucoup de familles. Pressé par cette conviction, nous nous sommes décidé à publier notre méthode.

Nous avons la confiance, cher lecteur, qu'elle pourra vous guider dans cette précieuse industrie, et vous épargner bien des déceptions. Loin de nous la prétention de mettre entre vos mains un modèle de style littéraire ! Il nous suffit d'être compris de tous, et de montrer simplement les avantages immenses que l'on peut tirer de l'éducation du lapin.

Nous n'avancerons rien que nous ne l'ayons expérimenté nous-même, et nous garantissons l'exactitude de nos renseignements.

LE
MOYEN POUR TOUS

DE SE CRÉER

UN

REVENU ANNUEL DE 1,500 FR.

AVEC

30 LAPINES

CHAPITRE PREMIER.

L'ÉDUCATION DU LAPIN DOMESTIQUE EST A LA PORTÉE DE TOUT LE MONDE.

Que de personnes passent leur vie dans le malaise et la gêne, par ce que leur état n'est pas assez lucratif pour subvenir à tous les besoins de la famille ! Ce sont de petits propriétaires, des fermiers et surtout un grand nombre d'ouvriers. Vienne une année de mauvaise récolte, beaucoup de cultivateurs sont obligés de recourir à l'emprunt, et par là ne font qu'accroître l'embarras de leur position. Que la morte-saison se prolonge, l'ouvrier voit sa famille manquer du nécessaire. Si du moins, s'écrie-t-il, mes enfants pouvaient gagner quelque argent en se livrant à un travail proportionné à leurs forces ! Mais, désir inutile ! mon état ne me permet pas de les occuper ! Patience, mes amis, voici une ressource que le ciel vous offre, voici une industrie à la quelle vous n'avez jamais pensé peut-être, une industrie que chacun peut exercer sans avoir fait d'études préalables, une industrie qui est à la portée de tout le monde, du pauvre aussi bien que du riche, de l'enfant et du vieillard aussi bien que de l'homme dans la force de l'âge : cette industrie, c'est l'éducation du lapin domestique.

Courage donc, propriétaires de quelques hectares de terrain, votre patrimoine suffit à peine à vos besoins ; et peut-être regardez-vous d'un œil d'envie la prospérité de tel négociant qui, sans posséder un pouce de terrain, vit cependant fort à l'aise. Vous avez chez vous des éléments de fortune, tout ce qui est nécessaire à l'entretien d'une garenne, et vous ne vous en doutez pas. Ces pailles que vous jetez au fumier, ces marcs qui vous embarrassent, et autres produits méprisés, formeront la provision d'hiver. Dans ce champ qui recevra désormais un surcroît d'amendement, vous cultiverez le sainfoin, la carotte, etc. ; vos lapins y trouveront leur subsistance pendant l'été, et vos récoltes n'en souffriront nullement. Sans plus tarder, agissez, travaillez, aidez-vous ; la Providence, qui a fait la condition des hommes guérissable, vous aidera, et vous verrez bientôt régner l'aisance là où il n'y avait que malaise.

Courage, fermiers laborieux, parfois, malgré vos sueurs et vos fatigues, le sol ne répond pas à vos légitimes espérances ; et alors ce n'est pas sans quelque appréhension que vous entrevoyez la Noël et la Saint-Jean. Sans cesse vous recherchez le moyen d'éviter ces déceptions et ces craintes, c'est-à-dire le moyen de forcer la terre à rendre davantage, et d'utiliser les produits d'une manière plus lucrative. Eh bien ! l'industrie que nous vous proposons, vous donnera tout cela : une garenne fournira une énorme quantité de fumier qui prédisposera vos terres à d'abondantes récoltes. Vous ne vendrez plus chaque année pour 200 francs de trèfle ou luzerne : vos lapins consommeront ces plantes succulentes, et le jour où vous les porterez au marché, nous vous le garantissons, ce ne sera pas 200 francs que vous rapporterez, ce sera de 1,500 francs à 2,000 francs.

Nous connaissons un cultivateur dont le

fermage ne s'élève pas à plus de 600 francs. Cet homme intelligent emploie une partie de son temps à l'éducation du lapin domestique, et, tous les ans, outre le bétail ordinaire, il élève et engraisse de 400 à 500 lapins, qui apportent l'amélioration dans sa bourse et dans ses terres.

Et vous, artisans, pauvres, veuves, orphelins, vous à qui tout moyen semble faire défaut, vous aurez droit à cette industrie, qui est à la portée de tout le monde sans exception. Vous ne cultiverez pas la carotte et la luzerne dans un champ fertile, mais le chemin du village vous fournira une provision suffisante pour alimenter une petite garenne ; le cerfeuil sauvage, le pissenlit, et autres plantes que les passants foulent aux pieds, seront pour vos lapins un mets délicat ; l'herbe sèche et nuisible du pied des haies servira de litière à votre petit troupeau. Avec le temps et un travail persévérant, vous arriverez à réaliser quelques économies; et alors, qui vous empêchera de louer un petit champ, et d'augmenter le nombre de vos sujets?

Un charpentier des environs de Caen, père de trois enfants, avait eu le malheur de perdre son épouse. Économe, laborieux, pendant deux ans il put procurer à sa famille toutes les choses nécessaires à la vie; mais voilà qu'un fâcheux accident le met dans l'impossibilité de continuer son état. Que faire? notre homme n'est pas d'humeur à mendier tant qu'il aura un reste de force. Il réfléchit, et se souvenant d'avoir vu chez certain fermier une garenne domestique, nombreuse et prospère, vite il trouve un expédient. Sa chaumière située sur le bord d'une vaste campagne se prête merveilleusement à l'éducation du lapin: organiser un établissement dans un coin du bûcher, acheter plusieurs lapines fut l'affaire de

quelques jours; et dès lors cueillir le laiteron, le coquelicot et autres herbes des
champs, devint l'unique occupation du père
et des enfants. La garenne se multiplia
rapidement, et prospéra si bien que, dès
la première année, cette honnête famille
put se passer de l'assistance publique.
La seconde année fut plus heureuse
encore : la vente des lapins produisit
1,200 francs. 1,200 francs dans une
maison riche, ce n'est rien, mais dans la
chaumière du pauvre, c'est une fortune!

CHAPITRE II.

QUALITÉS DU LAPIN.

Tous les traités que nous avons étudiés
célèbrent à l'envi l'instinct, la sobriété et
la fécondité du lapin domestique.

Cet animal a-t-il la base de l'intelligence plus développée que les autres? Nous laissons aux phrénologistes à se prononcer sur ce point.

Aime-t-il la sobriété? Sur ce second point nous nous prononcerons nous-même : Oui, le lapin est très-sobre; il vit de peu, et se contente d'une nourriture grossière; c'est là un éloge qu'on ne saurait lui refuser. Mais s'il vit de régime, il ne s'accommode nullement de ces jeûnes prolongés que lui imposent quelques auteurs. Nous avons soumis plusieurs sujets à la pratique de la mortification, et il faut avouer que tous sont passés de vie à trépas.

Que la lapine soit de tous les animaux la plus féconde, nous ne le contesterons pas : une lapine peut aisément produire chaque année 32 lapereaux, que vous vendrez à 5 mois 1 fr. 75 c. par tête. Conséquemment, si vous entretenez une garenne de 30 lapines, vous obtiendrez une somme de 1,680 francs; déduisant 180 francs pour frais de nourriture, vous aurez un bénéfice net de 1,500 francs. Souvent une mère donnera plus de trente-deux petits; souvent aussi chaque sujet se vendra deux francs et quelquefois plus; mais pour faire une part aussi large que possible aux accidents de toutes sortes, pour prémunir l'éleveur contre toute déception, nous avons pris des chiffres restreints et incontestables.

CHAPITRE III.

CONSIDÉRATIONS SUR LES ESPÈCES ET VARIÉTÉS DE LAPINS.

Le lapin noir ne constitue pas une race; on doit le considérer comme une variété qui peut apparaître dans toutes les familles, ou plutôt, comme le premier degré de la dégénérescence.

Les naturalistes enseignent que le lapin albinos est le produit d'alliances répétées entre sujets de même sang; c'est le dernier degré de la dégénérescence.

Le lapin angora n'est pas un sujet dégénéré, c'est bien une race à part, mais ce n'est pas une source de profit; le porter au marché serait temps perdu; on ne trouverait pas à s'en défaire. Autrefois sa fourrure pouvait offrir quelque avantage; aujourd'hui c'est un bénéfice insignifiant qui ne compense pas la mauvaise qualité de sa chair.

Ce n'est donc pas parmi ces bêtes d'agrément qu'il faut aller choisir pour peupler un établissement; les lapins noirs ou blancs ne donneraient que des sujets dégénérés et difficiles à élever; l'angora ne peut être mis en vente. On conçoit que si une garenne domestique était une affaire de curiosité, il faudrait y réunir tous les lapins les plus remarquables par leur

fourrure; mais, pour nous, c'est une affaire de bénéfice; nous devons donc mettre de côté ces bêtes de fantaisie, pour
chercher des sujets doués d'une grande
fécondité, et donnant des produits d'un
poids raisonnable et d'un débit facile sur
le marché.

A ce point de vue, nous partageons les
diverses espèces de lapins en trois classes:
les races naines, les grandes races et les
races moyennes. Nous suivons cet ordre
afin d'indiquer d'abord les espèces qui
doivent être éliminées.

Pour monter un établissement, nous ne
choisirions pas les petites races : le prix
des sujets, naturellement proportionné à
leur poids, n'encourage guère leur éle-
vage. Nous ne choisirions pas non plus les
femelles des grandes espèces: les unes,
font leurs petits sur la litière, sans se
donner la peine de construire un nid ;
d'autres, aussi gourmandes que mau-

vaises mères, abandonnent leurs nichées
pour s'occuper uniquement d'elles-mêmes,
et mettent en déroute les espérances de
l'éleveur. Au reste, fussent-elles toutes
d'excellentes mères, leurs petits sont trop
peu nombreux pour donner quelque profit.
Nous avons possédé des lapines de ces
fortes variétés que l'amateur admire. Elles
étaient très-remarquables par leur poids,
mais si peu fécondes, qu'elles ne don-
naient jamais plus de deux ou trois lapereaux par nichée.

Les lapines des races moyennes méritent la préférence de l'éleveur. Si elles
n'ont qu'une taille médiocre, en revanche
elles sont douées d'une fécondité inouïe;
croisées avec des mâles de grandes espèces, elles donnent de beaux produits,
dont la vente est facile. Poids de trois à
quatre kilogrammes, forme svelte et gra-
cieuse, regard inquiet et farouche : tels
sont les caractères qu'il faut exiger d'une

apine. Nous admettrions uniquement les
ujets à poil fauve : cette couleur est un
dice certain de la pureté de la race ;
outes les autres annoncent une dégénéres-
ence plus ou moins avancée.

CHAPITRE IV.

GEMENT, DISPOSITION, SALUBRITÉ, PROPRETÉ.

Nous ne dirons pas de construire un
l édifice, ni même un modeste bâtiment,
ur loger une garenne domestique : une
nstruction pourrait occasionner de grands
is, et emporter le revenu de plusieurs
nées. Le propriétaire riche ferait bien,
ns doute, d'employer une certaine
mme à édifier un bâtiment propre à
ducation du lapin : ce serait une ex-
lente spéculation. Mais la plupart des
veurs, n'ayant pas le moyen de bâtir,

2

songeront plutôt a réparer quelque appartement tout délabré. Si donc nous n'avons qu'un logement pauvre, nous nous en contenterons ; l'essentiel est qu'il soit sec et suffisamment solide.

On commencera par remplir au mortier de chaux tous les trous qui donneraient entrée aux animaux nuisibles, et quand on aura choisi et mesuré l'emplacement des loges, on creusera le long des rangées un canal destiné a conduire les urines au dehors : ce canal sera pavé et enduit de ciment. S'il n'y a pas de fenêtres, on en pratiquera plusieurs, et on les munira d'un treillage en fil de fer. Inutile d'ajouter qu'on devra les laisser ouvertes jour et nuit, quand la température ne sera pas trop froide.

On construira ensuite autant de cellules que le permettra la grandeur du local. Chaque loge aura 1m 20 de long, 0m 80 de large et 0m 40 de haut.

L'organisation de l'établissement n'exigera pas de grandes dépenses ; on pourra se servir de matériaux de peu de valeur, et le tout sera disposé solidement, mais à peu de frais. Les lattes offrent un grand avantage par leur prix modique et leur placement facile : un bout de lattes coûte 1 fr. 75 cent ; une cinquantaine suffisent pour chaque case. Sans connaître la charpente ni la menuiserie, un éleveur peut tout disposer lui-même en se servant d'une matière si commode : la hache et le rabot n'ont rien à faire à cette besogne. Pour confectionner chacune des différentes pièces d'une cellule, on prend deux lattes de longueur voulue que l'on pose horizontalement, et sur lesquelles on cloue des bouts de lattes de 0ᵐ 40 de hauteur ; pour le dessus d'une loge, ces bouts de lattes doivent avoir 0ᵐ 60. Quand le tout est préparé, on assemble ces pièces et on pend les portes avec du fil de fer galvanisé, qui tient lieu de tenons, de mortaises et de charnières. Il n'est besoin ni de serrures ni de verrous : deux espèces d'anneaux en fil de fer dans lesquels on glissera un bout de bois rond, fourniront une fermeture convenable. Rien de plus simple que de façonner une mangeoire : une planche de 0^m 40 de long sur 0^m 20 de large, autour de laquelle on clouera de la volige, servira à recevoir le son, l'avoine, etc. Une terrine de 10 centimes tiendra lieu d'augette. Il ne serait pas inutile d'enduire de goudron toutes les cellules de l'établissement ; le bois se conserverait mieux, et les lapins n'auraient pas la tentation de mettre la dent sur les lattes, pour essayer de les rompre. Chaque loge ainsi confectionnée ne reviendra pas à plus d'un franc.

A moins que le local ne soit très-vaste, l'éleveur qui entretiendra un grand nombre de sujets, sera dans la nécessité d'économiser l'emplacement ; il imitera donc l'architecte superposant étage sur étage. Un premier rang de cellules étant construit, on établira dessus une aire en planches goudronnées, ou mieux encore en ardoises, ayant soin de laisser une pente de quelques centimètres ; un étage de cellules sera placé sur cette aire, et on superposera ainsi des étages jusqu'à la hauteur du plafond, s'il est nécessaire. Supposé qu'un appartement ait 4^m 80 de long et 4^m 20 de large sur 2^m 80 de haut, on pourrait construire, le long des parois seulement, au moins 80 cases, nombre bien suffisant pour loger tous les sujets d'une garenne de trente lapines.

Ce mode d'établissement présente quelques avantages : on ne saurait inventer rien de plus facile à organiser, rien de plus à la portée des petites bourses ; l'éleveur peut commodément visiter les cellules ; enfin, les lapins ont là un logement très-sain.

Quiconque connaît les habitudes du lapin domestique doit savoir que cet animal aime à vivre seul, qu'il fuit la compagnie de ses semblables, et que la vie commune lui est impossible. Quelques lapines, il est vrai, ont des mœurs douces et sociables; elles s'occupent de leurs nichées sans s'embarrasser de celles des autres, mais ce sont des cas exceptionnels sur lesquels il ne faut pas compter.

Nous avons connu un amateur qui essaya d'habituer ensemble un mâle et plusieurs femelles. Cette petite garenne était toujours en guerre : à peine une mère avait-elle creusé un terrier et mis bas sa portée, que la place était aussitôt pillée, et la nichée égorgée sur l'heure.

Non, la vie commune n'entre point dans les goûts du lapin; l'égoïsme, au contraire, est son vice dominant. Seul, il satisfait sobrement son appétit, puis il s'étend dans sa case, se repose et fait bonne di-

gestion. Vivant en commun, il n'a pas
une minute de repos, dispute pour un
brin d'herbe, guerre à mort entre les mâles,
poursuite incessante après les femelles :
telle est la vie, ou plutôt tel est le pied de
guerre. Il est donc bien entendu que les
femelles et les mâles devront être complétement isolés.

Il est évident qu'on ne peut donner une
cellule à chacun des lapereaux ; mais il est
facile d'y suppléer en plaçant dans la
même loge tous les sujets d'une famille :
une loge peut suffire à huit ou dix lapereaux ; mais chaque division ne doit jamais dépasser ce nombre. Il y aurait inconvénient à mettre ensemble plus de dix
sujets.

Nous devons faire remarquer que la salubrité du local et la propreté de l'établissement contribuent beaucoup à la bonne
santé des lapins.

Dans un établissement considérable, ce

serait une bonne précaution de placer un
poêle au milieu de l'appartement, et d'y
entretenir une chaleur modérée, lorsque
la température est trop froide. Mais peut-
être parmi les éleveurs, quelques-uns ne
pourront faire cette dépense ; en ce cas,
nous leur dirons simplement : Choisissez
un local bien sec. Si le seul appartement
dont vous pouvez disposer est humide,
assainissez autant que possible, élevez le
sol à l'intérieur, baissez-le à l'extérieur,
pratiquez des ouvertures dans le mur,
prenez, en un mot, tous moyens que vous
jugerez convenables pour faire disparaître
l'humidité. Le lapin domestique et le lapin sauvage ont absolument la même nature. Or, remarquez quels sont les sites
que ce dernier préfère : les collines, les
montagnes ont sa prédilection. Le lapin
domestique aime également un endroit
sec ; le contraindre à vivre dans un appartement humide, c'est contrarier sa na-

ture et ses goûts, c'est l'exposer à l'hydropisie et à la mort.

La propreté de l'établissement n'est pas
moins importante que la salubrité du local. Tous les jours, on lavera le canal qui
conduit les urines au dehors; tous les
huit ou dix jours, on nettoiera les cellules,
et on y mettra de la litière. Ce serait une
grande erreur de regarder comme perdu
le temps qu'on emploie à entretenir la
propreté la plus parfaite. Des lapins vivant au milieu des miasmes ne peuvent
être que des sujets infirmes, et incapa-
bles d'enrichir leur maître. D'ailleurs, un
cultivateur intelligent ne manquera pas
de recueillir l'immense quantité de fumier
qu'une garenne produira : il sera toujours
vrai que le fumier est la richesse de la
ferme, qu'il n'y a pas beaucoup à récolter
là où l'on n'a pas beaucoup porté. Quand
même un éleveur n'aurait pas de terres à
amender, il devrait néanmoins prendre

soin des fumiers : partout le fumier se vend cher, et produit un bénéfice qui n'est pas à dédaigner.

CHAPITRE V.

OBSERVATIONS SUR LES MALES.

Plus le mâle est fort, plus les lapereaux sont beaux et bien-venants; c'est donc dans les plus grandes espèces qu'il faut choisir un mâle.

On prendra toujours un sujet étranger à la garenne, afin de renouveler le sang, et d'éviter ainsi tous les inconvénients de la dégénérescence. Il ne doit pas peser moins de 5 à 6 kilogrammes, ni être âgé de moins de 7 mois. Qu'il ait la démarche vive et assurée, le corps élancé, la tête forte, le poil fauve, mais surtout qu'il soit hardi et méchant; plus un lapin est irasccible, plus il est propre à la production.

Un mâle vigoureux a toujours l'œil au guet ; au moindre bruit, il se dresse, il écoute, il murmure. Si par hasard il sort de sa cellule, aussitôt tout l'établissement est en émoi. Passe-t-il devant une division de lapereaux, il brise une latte ou deux, pénètre dans le compartiment, et assaillit les habitants. Rencontre-t-il un autre mâle, il se précipite sur lui, et le déchire de la dent et des pattes. Entre-t-il dans la case d'une mère, son nid est aussitôt bouleversé, et sa progéniture égorgée sans pitié. Un tel sujet est une source de prospérité pour la garenne ; sa méchanceté est l'indice de qualités précieuses ; rarement les lapines passeront plus d'une fois dans sa cellule sans être fécondées.

Les loges des mâles seront construites d'une façon spéciale. Si elles avaient la forme des autres cellules, les lapines iraient se réfugier dans les angles, et l'accouplement serait impossible. Quelle que soit la forme de ces loges, elles devront être très-solides, bien fermées, et isolées de toute autre case.

On peut faire servir le mâle une fois tous les deux jours. Il résulte de là qu'un seul mâle pourrait suffire à trente lapines, si elles étaient toujours fécondées au premier accouplement ; car d'après le calcul que nous établirons au chapitre suivant, 30 lapines n'exigeraient que 120 saillies dans l'espace de 240 jours. Mais il est certain que les femelles ne sont pas toujours fécondées au premier accouplement ; dès lors un seul mâle pour 30 lapines devra servir plusieurs jours de suite, et ce système nuira à sa santé. Il est donc nécessaire d'entretenir deux mâles pour 30 lapines.

Si un lapin prenait trop d'embonpoint, s'il devenait mou, paresseux, il faudrait le remplacer sans délai, parce qu'il n'aurait plus cette vigueur nécessaire au succès de l'établissement.

CHAPITRE VI.

OBSERVATIONS SUR LES FEMELLES.

Les lapines de force moyenne dont nous avons parlé, méritent la préférence à cause de leurs qualités précieuses; on choisira donc parmi elles les sujets qui donnent le plus d'espérances.

Avant de déterminer son choix, l'éleveur devra connaître la complexion et le caractère d'une lapine. Il écartera avec soin toutes les femelles d'une santé douteuse, celles dont le poids dépasserait notablement 3 kilogrammes, dont les membres ne seraient pas bien proportionnés. Un air brusque et sauvage n'a rien qui doive rebuter. On trouve des mères tout à fait apprivoisées; elles viennent lorsqu'on les appelle;

elles mangeraient volontiers dans la main.
Certaines personnes peu expérimentées les
préfèrent à ces sujets farouches qui se
cachent au plus léger bruit ; mais elles
reconnaissent bientôt à leur détriment
que les lapines familières sont souvent
mauvaises nourrices : quand une lapine
perd l'instinct sauvage qui caractérise sa
nature, il arrive presque toujours qu'elle
devient fort insouciante à l'égard de ses
petits.

Une femelle destinée à la reproduction
ne doit pas avoir moins de six mois ; de six
mois à trois ans, elle est dans toute la vigueur de l'âge ; mais on ne peut guère la
conserver plus long temps ; les signes de
la vieillesse se montrent bientôt : la fraî-
cheur de la fourrure disparaît, le regard
devient triste et abattu, le ventre prend
des proportions démesurées, la fécondité
diminue, enfin tout indique à l'éleveur
qu'une lapine a fait son temps.

Nous avons dit qu'une mère peut aisément produire 32 lapereaux par an; c'est le travail de 4 nichées de 8 petits chacune. Voici le mode le plus sage de fixer l'époque de ses nichées : on donnera une femelle au mâle dans les derniers jours de décembre, ou les premiers jours de janvier : la plupart des lapines mettent bas le trentième jour; quelques-unes le trente et unième. Si donc cette femelle a été fécondée par un accouplement en date du premier janvier, ses lapereaux naîtront le premier février. On les sévrera le trente-septième jour. Les lapereaux retirés, on mettra la mère à un régime tonique pendant huit jours, et le quinze mars, on la donnera au mâle pour la seconde fois. Une lapine produira ainsi quatre nichées depuis les premiers jours de janvier jusqu'à la fin d'octobre : novembre et décembre seront deux mois de chomage.

L'éleveur qui placerait un poêle dans

son établissement, pour y entretenir une chaleur modérée, pourrait obtenir uue cinquième nichée pendant ce temps de vacances ; mais si ses ressources ne lui permettent pas cette dépense, il laissera les lapines se reposer en novembre et décembre : elles répareront leurs forces, et vers le commencement de janvier, elles seront beaucoup mieux disposées à prendre le mâle.

Une bonne mère prépare toujours à l'avance l'endroit où elle veut faire ses petits ; elle ramasse les brins de litière les plus propres, arrange un nid plus ou moins confortable selon le besoin de la saison, et le terme arrivé, elle y dépose sa portée. On aura donc soin de faire bonne litière aux lapines quelques jours avant la mise-bas ; on pourrait même arranger quelques poignées de foin en forme de nid dans un des angles de leur loge, et elles y déposeraient volontiers leur nichée.

L'expérience enseigne que cette précaution est quelquefois utile, car certaines mères, bonnes nourrices d'ailleurs, prennent trop peu de soin pour construire un nid bien chaud, où leurs petits soient complétement à l'abri du froid.

Il arrive souvent, lorsque le sol n'est pas maçonné, qu'une lapine se creuse un terrier profond, pour y mettre sa nichée ; on la voit même entasser de la terre à l'entrée du terrier, et la recouvrir de litière de manière à écarter tout soupçon. Quand il plaît à une mère d'agir ainsi, on ne doit nullement s'inquiéter du sort des lapereaux ; c'est là le fait d'une bonne lapine. Cette terre entassée à l'entrée du terrier n'est pas si compacte que les petits ne puissent respirer ; d'ailleurs, à mesure qu'ils grandiront, la mère laissera une ouverture de plus en plus grande, et vers le dix-septième jour, elle les invitera à venir prendre leurs ébats au milieu du logis.

Pour le bon ordre de l'établissement, il est nécessaire d'inscrire la date de l'accouplement; autrement on oublierait le jour de la mise-bas; on ne disposerait pas les loges à temps; enfin on perdrait de vue l'époque du sevrage.

Lorsqu'une femelle a passé dans la loge du mâle sans être fécondée, l'éleveur se trouve exposé à perdre une nichée. Pour prévenir cette perte, il serait bon d'avoir deux ou trois lapines en disponibilité; on les donnerait au mâle le jour de leur entrée à la réserve, et on serait toujours en mesure de pouvoir installer un nouveau sujet à la place d'une femelle qui n'aurait rien produit. On pourrait procéder de la même manière quand il arrive un avortement, ou bien encore lorsque les lapereaux sont victimes de la mort après quelques jours d'existence. Il va sans dire qu'il faut mettre à un régime tonique pendant une huitaine de jours toutes les

femelles accidentellement improductives,
puis leur faire prendre le mâle, pour les
porter à leur tour dans le compartiment
de la réserve.

Quant aux lapines qui donneraient ordinairement moins de six ou sept petits,
ou qui oublieraient le devoir maternel au
point de faire leurs lapereaux sur la litière,
sans prendre la peine de construire un
nid, on doit les engraisser et en débarrasser
l'établissement.

L'éleveur ne doit pas ignorer que la
plupart des femelles deviennent stériles
quand on les laisse s'engraisser. Il faut
les maintenir en bon état, et les soumettre
à un régime plus sobre, si elles paraissent
trop grasses. On voit des mères qui, à
l'âge de dix-huit mois ou deux ans, par-
viennent à un embonpoint excessif ; les
muscles se développent d'une manière
étonnante ; le menton fait triple étage ;
tout semble indiquer que ces lapines ont

été mises à un régime d'engraissement. Elles sont ordinairement très-gourmandes, et lorsque par hasard elles ont été fécondées, elles prennent plus de soin de se nourrir que d'allaiter leurs petits. Il faut absolument écarter toutes ces femelles improductives, pour monter l'établissement de lapines fécondes et bonnes nourrices.

Il est bien entendu que quand il s'agit de remplacer des mères défectueuses, il ne faut pas faire son choix parmi les sujets provenant du croisement que nous avons conseillé. Pour obtenir des femelles de race moyenne, on doit se procurer un mâle de même race, et lui donner plusieurs mères à saillir. Les jeunes lapines qui ont été élevées dans l'établissement, et dont on ne connaît pas encore les qualités productives, seront peut-être d'excellentes mères, tandis que les femelles qu'on achète au marché, ont souvent quelque défaut : bien des personnes ne mettent en vente que les lapines dont elles ont à se plaindre.

CHAPITRE VII

LAPEREAUX DES NICHÉES.

La plupart des éleveurs ont l'habitude de laisser les lapines s'arranger seules avec leurs nichées. Si on touchait aux nouveau-venus, disent-ils, la 'mère se fâcherait, et cesserait de les allaiter. C'est là un préjugé funeste à la garenne : les lapereaux ont besoin d'être surveillés au moment de leur naissance.

A côté de petits bien portants, il y a souvent des morts. Or, malgré toute leur sollicitude, les lapines n'ont pas assez d'instinct pour retirer ces cadavres, qui ne tardent pas à infecter toute la famille ; ce soin revient donc naturellement à l'éleveur.

Peut-être la mère n'a pas pris toutes les précautions nécessaires pour garantir ses lapereaux contre le froid; en ce cas, il est bon d'examiner le nid, et si on ne le trouve pas assez soigné, on doit en faire un autre à la même place; on pourrait encore arracher le poil d'une vieille peau de lapin, et en mettre une poignée sur la nichée.

On trouvera dans certains nids six ou sept petits, et on en comptera douze ou treize dans quelques autres; il n'y a pas d'inconvénient à égaler les nichées, de sorte que chaque lapine ait au moins huit lapereaux, au plus dix. Une lapine bien nourrie peut facilement allaiter dix petits; et comme nous avons calculé sur huit, ces deux sujets surnuméraires feront face aux accidents. Il faut remarquer que ce déplacement de lapereaux doit s'opérer dans les quatre premiers jours. Si on attendait plus longtemps, la mère pourrait bien écarter ces intrus, ou les mettre en pièces.

Certaines personnes accusent les lapines de détruire quelquefois leurs petits. Qu'un chat, une fouine, ou quelqu'autre ennemi pénètre dans les loges et exerce ravage, c'est là ce que nous avons remarqué fréquemment; mais qu'une lapine mette de côté tout sentiment maternel au point d'égorger elle-même sa progéniture, c'est là un acte de férocité que nous n'avons jamais constaté.

L'intérêt de l'éleveur lui commande d'attendre le trente-septième jour pour sevrer les lapereaux. Si on les sevrait avant cette époque, ils auraient toujours une santé délicate, et la mère serait exposée à plusieurs accidents que détermine le lait chez quelques femelles. D'ailleurs, en laissant les petits avec la mère

jusqu'au trente-septième jour, on ne doit
nullement redouter qu'elle veuille les sevrer elle-même, et exercer sur eux des
actes de brutalité : elle ne refusera jamais d'allaiter ses lapereaux ; elle sera
toujours heureuse d'être entourée de sa
famille

CHAPITRE VIII.

LAPEREAUX DE L'ÉLEVAGE.

Quand on aura séparé les petits de
leur mère, on installera toute la nichée
dans la même loge, ayant soin d'examiner si cette loge ne présente point
quelque fracture par où les jeunes lapins
pourraient passer dans une autre division;
car ces sortes d'accidents excitent toujours un certain trouble, et quand les sujets sont déjà avancés en âge, ce n'est
pas un léger trouble qui en résulte, c'est
une lutte acharnée : il se fait aussitôt une

mêlée générale ; il n'y a plus d'amis : c'est une guerre de tous contre tous ; chaque coup porte juste et produit son effet. Ces luttes accidentelles les indisposent souvent pour plusieurs jours, et il n'est pas rare qu'elles se terminent par la mort de quelque combattant.

Dans certaines localités, les lapereaux de deux mois se vendent de 60 à 75 centimes ; nous conseillons aux éleveurs de ces contrées de calculer quelle est la quantité de leurs récoltes avant de se déterminer à garder tous les jeunes lapins. Il y a avantage, sans doute, à les garder jusqu'à l'âge de cinq mois, puisque chacun rapporte un franc de plus ; mais mieux vaut nourrir convenablement un plus petit nombre de sujets que de laisser pâtir toute la garenne.

Arrivés à trois mois et demi, les jeunes mâles deviennent querelleurs et méchants ; c'est donc à cette époque qu'il faut les castrer, pour les forcer à vivre en paix ; autrement, la vie commune leur serait presque impossible ; à toute heure, ils engagent des combats sanglants, où plus d'un perd quelques lambeaux de sa fourrure, et parfois quelque pièce plus essentielle. Il est donc bon de les castrer dès qu'ils donnent les marques de leur humeur batailleuse.

Lorsque les lapereaux atteignent l'âge de quatre mois et demi à cinq mois, on doit les préparer à la vente. Avant quatre mois et demi, un lapin n'est pas propre à l'engrais. Quand il est nécessaire de le livrer à la consommation, on peut le préparer en lui donnant une nourriture plus échauffante ; s'il a une bonne santé, il prendra un certain embonpoint, et sa chair sera plus délicate que s'il était complétement gras ; mais vouloir l'engraisser parfaitement serait peine perdue ; souvent même on s'exposerait à le faire mourir.

Lorsque les mâles n'ont pas été castrés à trois mois et demi, il est indispensable de les opérer pour les disposer à l'engrais; l'éleveur aurait beau les gorger de la nourriture la plus succulente, jamais ils n'engraisseraient en faisant la guerre. D'ailleurs, quand un lapin n'a pas été coupé, sa chair est rouge et peu recherchée.

L'isolement, pour les sujets des deux sexes, est une condition favorable à la graisse. Un éleveur ne pourrait que gagner à construire plusieurs cellules destinées à recevoir les animaux qu'il faut préparer à la vente.

Il est évident qu'on ne peut déterminer la durée de l'engraissement; tel lapin mettra huit ou dix jours à prendre la graisse, et tel autre en mettra vingt. Ce temps dépend de la nature du sujet.

CHAPITRE IX

ACCIDENTS. MOYENS DE LES PRÉVENIR OU D'EN ARRÊTER LES EFFETS.

Si nous avions à parler de l'espèce bovine, ovine, etc., nous intitulerions ce chapitre : maladies, remèdes. Mais parmi les lapins, les maladies proprement dites sont tellement rares qu'il servirait peu d'y consacrer un chapitre. Parlons seulement des accidents qui parfois déterminent la mort.

Ce n'est pas une exagération, l'éleveur peut à son gré procurer une bonne santé à tous ses lapereaux ; cette base d'une bonne santé, c'est l'allaitement suffisant. Aussi, nous ne saurions comprendre le système de certain auteur qui recommande de sevrer les petits le quinzième jour ; nous ne comprenons guère mieux la méthode de quelques autres écrivains qui fixent à trois semaines l'époque du sevrage. Laissez téter les lapereaux jusqu'au trente-septième jour, et vous ne constaterez presque jamais une maladie proprement dite. Le cas de mort se présentant, vous examinerez votre méthode, et toujours vous direz votre *mea culpa*.

Si au lieu de sevrer les petits à l'époque que nous indiquons, un éleveur les sépare de leur mère à quatre semaines, pour économiser le temps, et se procurer une cinquième nichée avant l'hiver, il gagnera moins que s'il se fût contenté de quatre nichées abondamment allaitées. S'il les sèvre au vingt-cinquième jour, tous les ménagements dont il pourra les entourer ne suppléeront pas entièrement aux soins maternels, et beaucoup périront des suites du sevrage. Quelques-uns, il est vrai, ré-sistent à cette privation; mais ils sont toujours chétifs, et lorsqu'on les porte au marché à l'âge de cinq mois, on les vend moins cher que des lapins de trois mois et demi qui ont été suffisamment allaités.

Il ne faut pas s'opiniâtrer à garder une lapine après laquelle les lapereaux courent sans relâche, pour se pendre à la mamelle : une bonne mère allaite ses petits autant que de besoin, et on ne les voit jamais courir après elle. Il est des lapines qui donnent ordinairement une abondante nichée, et qui ont peu de lait ; quand leurs petits ne meurent pas de faim, ils souffrent beaucoup de ce défaut d'allaitement, et ils sont toujours mal-venants.

Nous avons recommandé de ne jamais mettre ensemble plus de huit ou dix lapereaux ; c'est là une mesure de prudence qu'il ne faut pas négliger. Réunis en trop grand nombre, les jeunes sujets sont exposés à quelques accidents, dont le plus sérieux est l'asphyxie; et lorsque le matin l'éleveur vient visiter la garenne, il est souvent obligé de constater plusieurs décès.

Que les lapins soient jeunes ou vieux, l'herbe mouillée leur est presque aussi fatale que les plantes vénéneuses; on ne devra donc jamais leur en distribuer. A la vérité, elle ne les tue pas en quelques heures, comme le prétendent certains cultivateurs; mais on remarque bientôt tous les symptômes de l'hydropisie, et de l'hydropisie à la mort il n'y a pas loin.

Si les plantes humides sont funestes, l'insalubrité des loges ne l'est pas moins. Malgré tous les avantages que le lapin procure à son maître, souvent il est relégué dans une loge étroite et humide, où il ne respire qu'un air empesté. Là il ne tarde pas à contracter diverses infirmités : une maigreur extrême atteste son état de souffrance; souvent la diarrhée s'en mêle et il meurt.

Telles sont les causes de mortalité dans une garenne ; presque toujours il est facile de les prévenir : le lapin domestique est doué d'une santé robuste ; quand il a été allaité suffisamment, on le voit traverser les différentes périodes de la vie sans annoncer la moindre indisposition ; et si parfois l'incurie de l'éleveur l'expose aux maladies, un régime soigneusement suivi peut en arrêter les effets.

Lorsque des lapins ont été incommodés par une nourriture humide, il faut les soumettre à un régime tout opposé, leur donner du foin, des herbes cueillies de la veille, un peu de son ou d'avoine.

L'insalubrité du local a-t-elle déterminé quelque infirmité, il est encore possible d'y remédier en plaçant les malades dans un endroit très-sain : c'est pour cela que nous ne saurions trop recommander le système qui consiste à superposer des loges jusqu'à la hauteur du plafond. On mettrait au rez-de-chaussée les sujets qui demandent moins de ménagements, et dans les étages supérieurs les infirmes et les lapereaux du sevrage.

Quelquefois, en visitant la garenne, l'éleveur peut remarquer des gouttes de sang sur les crottins. Ce signe annonce une irritation causée par un régime trop échauffant; il est facile d'y apporter remède en donnant des herbes rafraîchissantes aux lapins affectés de cette indisposition.

Enfin, quand une maladie est tellement invétérée qu'elle résiste à tous les traitements, ce qui arrive rarement, saigner le malade et l'enterrer : tel est le meilleur de tous les remèdes. Guérir les malades au plus vite, se défaire promptement de tout sujet dont il n'y a aucun profit à espérer : telle doit être la règle de l'éleveur.

On dit qu'il existe certaines épizooties

dans la nation des lapins. Qu'il ne puisse survenir une peste parmi les lapins, téméraire qui oserait le prétendre, car, comme tout ce qui respire, ils sont entre les mains de celui qui donne ou retire la vie. Mais nous n'avons jamais remarqué ce cas parmi ceux que nous avons dirigés, et nous pensons que les maladies contagieuses doivent être très-rares.

CHAPITRE X.

ALIMENTATION.

Les plantes les plus communes, dès lors qu'elles ne sont pas vénéneuses, peuvent être distribuées sans danger à tous les sujets d'une garenne : l'estomac du lapin digère facilement toute espèce de nourriture. C'est donc un tort de perdre son temps à ne cueillir que des herbes de choix, telles que le laiteron, le serpolet, le pissenlit, etc. Habitués à ces plantes choisies, les lapins se montrent difficiles quand on veut les accoutumer à un autre régime; ils s'imposent même quelquefois un long jeûne, qui ne leur est nullement salutaire. On leur donnera donc de tout indifféremment, des herbes cueillies du jour ou quelques jours auparavant, la retaille des haies, les feuilles qui tombent des arbres, les sarclures de jardin, du foin, de la vesce, etc.; mais on aura grand soin de ne pas leur donner de plantes vénéneuses, telles que la ciguë, le gouet, etc. La plupart n'en mangeraient pas tant qu'ils seraient bien nourris, mais si à quelque jour la ration était insuffisante, ils se jetteraient sur ces herbes, et une mort certaine s'ensuivrait.

— Les meilleures plantes pour le lapin

sont le persil, le cerfeuil, l'angélique ; ces végétaux sont très-propres à exciter la vigueur du mâle, et à donner un goût recherché aux sujets de l'engrais. On pourrait encore citer comme plantes excellentes la chicorée, le laiteron, le trèfle, la luzerne.

Parmi les racines, la carotte et la betterave l'emportent sur toutes les autres.

On s'abstiendra de distribuer plusieurs fois de suite la même nourriture ; une alimentation trop uniforme amènerait bientôt l'ennui et le dégoût. Et lorsqu'on donnera du trèfle sec, des balles de blé, etc., on arrosera ces fourrages d'eau salée : les lapins aiment beaucoup le sel. Il est bon d'employer l'eau salée pour leur faire dépenser certaines substances peu friandes qu'ils ne mangeraient pas sans cet apprêt.

Dans les saisons où le vert est très-rare, il ne faut pas distribuer uniquement des aliments secs ; ce régime suivi pendant quelque temps causerait la mort de beaucoup de sujets ; on doit profiter de ces saisons pour faire dépenser les betteraves, les carottes, les feuilles de chou, la bruyère, etc.

A chaque sujet convient une nourriture particulière.

On distribuera aux mâles les plantes fortifiantes, capables de leur communiquer de la vigueur : telles que le sainfoin, le céleri, la bruyère, et on joindra tous les jours une poignée d'avoine à leurs aliments.

Aux femelles convient une nourriture propre à leur donner un accroissement de lait : la luzerne, les laiterons, le chou, les feuilles de betterave. L'avoine les dispose à la fécondité ; on en ajoutera vingt-cinq grammes à chaque ration dans la huitaine qui précède la mise au mâle.

Les lapereaux qu'on prépare à la vente, auront pour aliments les carottes, le trèfle, le persil, le serpolet. Les plantes aromatiques donnent à leur chair un goût plus fin. Le sarrasin est la nourriture la plus propre à les engraisser.

Enfin, les morceaux friands seront réservés pour les petits qui viennent d'être sevrés ; ce sera un dédommagement de la privation qui leur est imposée : privation pénible dont les plus forts se ressentent pendant plusieurs semaines. Le trèfle, le coquelicot, le laiteron, trouveront place dans leurs rations. Parvenus à l'âge de deux mois, ils seront privés de ces petites douceurs que réclamait la circonstance ; et on leur fera manger les sarclures de jardin, les feuilles d'arbres, etc.

Si nous nous adressions à un propriétaire ou fermier d'un ou deux hectares de

terrain, c'est-à-dire à un éleveur qui ne
serait pas obligé d'utiliser un grand nombre de produits perdus dans une ferme
considérable, nous lui dirions : Cultivez
pour l'alimentation de la garenne le
trèfle, la luzerne, les betteraves et l'herbe
à foin. L'été, vous donnerez à tous les sujets indistinctement le trèfle, la luzerne et
un peu de son. Les lapins ne se dégoû-
tent jamais de ce régime excellent ; ces
substances délicieuses communiquent aux
mères beaucoup de lait, et aux lapereaux
une telle force qu'ils sont vendables à
quatre mois. Pendant l'hiver, vous dis-
tribuerez le foin, les betteraves, et un peu
de son ou d'avoine. Ce régime, moitié sec,
moitié vert, est très-favorable à la santé des
lapins. Nous avons essayé de tous les
genres d'alimentation, et nous pouvons
firmer que ce dernier est le meilleur, et le
plus fertile en beaux résultats.

Dans un établissement bien réglé, on ne se contentera pas de faire deux distributions de nourriture ; on donnera trois rations par jour : le matin au lever du soleil, à midi et le soir à la fin du jour.

Quelques éleveurs déposent les plantes et les fourrages dans un petit râtelier placé à hauteur convenable. Ce système commode pour le nourrisseur, n'empêche pas assez les lapins d'attirer sous leurs pieds ce qu'on leur donne. Il est un autre mode que nous préférons ; il consiste à placer les herbes, le foin, etc. dans une ou plusieurs cordes suspendues à la partie supérieure de la loge ; le nœud coulant qu'on fait à l'extrémité de la corde, se serre à mesure que la ration diminue ; et le lapin est forcé de prendre l'herbe brin à brin, sans pouvoir la fouler aux pieds. Cette corde doit être placée au milieu de chaque compartiment, afin que tous les habitants puissent se ranger autour, et manger commodément. Si leur appétit ne les porte pas à dépenser toute la ration dans un seul repas, le reste demeure suspendu pour le repas suivant.

Chaque cellule doit être meublée d'une mangeoire, où l'on dépose le son, l'avoine, etc., et d'une terrine, où l'on entretient pendant l'hiver une boisson propre. L'eau pure ne convient pas aux lapins ; ils préféreraient souffrir de soif que d'en user ; il faut y mêler un peu de cidre ou de vinaigre : ils boivent volontiers un liquide un peu acide.

CHAPITRE XI.

DÉPENSE ET PRODUIT.

Parmi les personnes qui se livrent à l'éducation du lapin domestique, les unes voient leurs possessions se terminer au seuil de leur demeure, les autres font valoir un petit champ, une terre plus ou moins vaste, à titre de propriétaires ou de fermiers. Calculons combien chacun devra dépenser pour la nourriture d'une garenne.

Une personne qui n'a pour toutes possessions qu'une pauvre chaumière, peut néanmoins entretenir à peu de frais un petit nombre de lapins. Sans autres domestiques que sa vieille mère, que ses jeunes enfants, elle fera recueillir une abondante provision dans les champs, les chemins, les fossés, au pied des haies. Dans un pays fertile, trois à quatre heures par jour suffiront à une femme âgée, à un enfant de neuf ou dix ans, pour ramasser la provision de la garenne. Or, quel sera le gain ? 8 lapines, dirigées d'après la méthode, produiront 448 fr.; déduisant la somme de 30 fr. pour frais de son et d'avoine, nous trouvons que cette femme, cet enfant, ont gagné plus d'un franc par jour ; c'est une bonne rémunération pour une personne avancée en âge qui n'est plus apte à une besogne assidue et lucrative, pour un enfant dont l'occupation est de courir les chemins, et de tromper la vigilance de sa mère. Donc, sans autres possessions qu'une pauvre chaumière, on peut néanmoins nourrir un certain nombre de lapins : les frais sont presque nuls, le produit est considérable.

Pour le propriétaire et le fermier qui cultivent les lapins en grand, le déboursé ne s'élève pas non plus à une somme importante. Supposons qu'ils nourrissent 30 lapines avec leurs petits : 80 ares de bonne terre fourniront tout ce qui est nécessaire à l'alimentation de la garenne.

Or, le loyer de quatre-vingts ares de terre pourra s'élever à 80 fr.; l'achat d'un peu de son et d'avoine exigera peut-être une dépense de 100 fr.; soit un déboursé total de 180 fr. Il est certain que ces trente lapines produiront au moins 1,680 fr.; reste donc un revenu net de 1,500 fr. Nous n'avons rien porté au déboursé pour la litière et quelques autres frais; ces dépenses seront contre-balancées par le produit du fumier.

Si l'on remarque qu'un cultivateur, à la tête d'une grande exploitation, peut faire dépenser à ce petit bétail une foule de choses méprisées, qu'on jetterait au fumier : telles que les balles de blé, d'avoine, le marc, etc., on verra que ces aliments ajoutés au produit de quatre-vingts ares de bonne terre, suffiront abondamment à la nourriture de quarante ou cinquante lapines, et l'on sera obligé de couvenir que pour un cultivateur le déboursé occasionné par une garenne est peu considérable, tandis qu'au contraire le bénéfice est très-élevé.

CONCLUSION.

Nous vous avons dit la vérité, cher lecteur, et nous n'avons rien avancé que nous ne l'ayons expérimenté nous-même. L'éducation du lapin domestique peut être une source de richesses ; mais elle ne produira jamais ces bénéfices fabuleux que promettent certains écrivains.

Arrière donc tout ce qui s'adresse à la cupidité ! Faisons une large part aux accidents et aux mécomptes de toutes sortes; promettons peu ; et malgré la modicité de nos chiffres, on sera forcé de conclure que s'il n'est pas une industrie plus humble en apparence, il n'en est point non plus qui soit plus lucrative. Que le laboureur tourne et retourne quatre-vingts ares de la meilleure terre, et, à moins qu'il n'y trouve un trésor, jamais il n'obtiendra un rendement net de 1,500 fr., heureux si son champ lui rapporte de 150 à 200 fr.

Aidé de cette méthode, commencez par un petit nombre de sujets; entrez dans tous les détails dont nous avons parlé; ne négligez rien, et surtout ne vous laissez pas rebuter par quelques mécomptes: travail, confiance, voilà deux conditions indispensables pour réussir dans cette entreprise. Fort vous-même de l'expérience, vous ne vous en tiendrez pas à ces faibles débuts; bientôt vous installerez de nouveaux sujets à côté des premiers; la petite république se multipliera, et votre famille sera plus à l'aise. Vous ne songerez plus à quitter votre village et votre maisonnette, pour aller ailleurs tenter fortune ; content de cette position honnête et indépendante, vous demeurerez au milieu de votre famille, à laquelle vous pourrez donner une direction morale ; en même temps que vous lui procurerez tous les moyens de subsistance.

FIN.

TABLE DES MATIÈRES.

Caen. Imp. Nigault de Prailauné.

Caen. —Imp. N. de Praillaune.